La Naissance
et l'Évanouissement
de la Matière

PAR LE

Dr GUSTAVE LE BON

PARIS

SOCIÉTÉ DV MERCVRE DE FRANCE

XXVI, RVE DE CONDÉ, XXVI

MCMVIII

LA NAISSANCE

ET L'ÉVANOUISSEMENT DE LA MATIÈRE

La Naissance
et l'Evanouissement
de la Matière

PAR LE

Dᴿ GUSTAVE LE BON

PARIS

SOCIÉTÉ DV MERCVRE DE FRANCE

XXVI, RVE DE CONDÉ, XXVI

MCMVIII

Le but de cette conférence (1) est de vous racon-
ter une merveilleuse et étrange histoire, qu'il y
a dix ans à peine la science ne soupçonnait pas.
Cette histoire est celle d'un morceau de matière
quelconque, de la pierre que vous heurtez sur
votre chemin, du papier qui est devant moi, des
fragments de métal que vous maniez chaque jour.

La science croyait autrefois, et beaucoup de
personnes croient encore, que la matière se com-
pose d'éléments inertes et indestructibles. Créés
à l'origine des choses, ils devaient conserver à
travers tous les changements une durée éternelle. Rien ne se crée, rien ne se perd, disait la

(1) Conférence faite à Ostende en août 1907.

chimie, et elle était fondée à le dire, puisque, malgré toutes les transformations qu'on lui faisait subir, la matière paraissait toujours conserver le même poids.

La science nous apprend tout autre chose aujourd'hui. Elle nous montre la matière composée de petits systèmes solaires en miniature, formés d'éléments gravitant les uns autour des autres avec une immense vitesse et ne devant leur stabilité qu'à cette vitesse même. Elle nous dit que l'atome est le siège de forces colossales auprès desquelles ne sont rien celles que l'industrie manie et que peut-être cette même industrie pourra utiliser un jour. Elle nous dit encore que cette matière, siège d'une vie intense, possède une sensibilité invraisemblable qui la fait se modifier sous les influences les plus légères. Elle nous dit enfin que, loin d'être éternelle, la matière obéit à cette loi fatale qui condamne les choses et les êtres à mourir.

Ne pouvant approfondir en une heure un pareil sujet, je me bornerai, dans cette conférence, à vous montrer quelques-unes des conséquences des recherches que je poursuis depuis plus de dix ans sur la dissociation de la matière et que j'ai développées dans deux ouvrages récents (1).

Ces recherches, dont le résultat fondamental, très imprévu il y a bien peu d'années encore, fut de montrer que la matière n'était pas indestructible, se sont rapidement répandues dans les laboratoires. Quelques-unes de nos propositions, considérées comme très révolutionnaires quand nous les formulâmes pour la première fois, commencent à devenir presque banales aujourd'hui, bien que très éloignées cependant d'avoir porté toutes leurs conséquences. Lorsque celles-ci se dérouleront, elles conduiront à renouveler un édifice scientifique dont la stabilité semblait éternelle.

Voici d'ailleurs l'énoncé des principes fondamentaux que j'ai tâché de mettre en évidence en me basant sur mes expériences :

1° La matière, supposée jadis indestructible, s'évanouit lentement par la dissociation continuelle des atomes qui la composent ;

2° Les produits de la dématérialisation de la matière constituent des substances intermédiai-

(1) *L'Evolution de la matière*, in-18 de 400 pages, avec 62 figures (15ᵉ édition), et *l'Evolution des forces*, in-18 de 400 pages avec 40 figures (6ᵉ édition), Flammarion, éditeur, 1908.

res par leurs propriétés entre les corps pondé-
rables et l'éther impondérable, c'est-à-dire entre
deux mondes que la science avait profondément
séparés jusqu'ici ;

3° La matière, jadis envisagée comme inerte
et ne pouvant restituer que l'énergie d'abord
fournie, est, au contraire, un colossal réservoir
d'énergie — l'énergie intra-atomique — qu'elle
peut dépenser sans rien emprunter au dehors ;

4° C'est de l'énergie intra-atomique libérée
pendant la dissociation de la matière que résul-
tent la plupart des forces de l'univers, l'électricité et la chaleur solaire notamment ;

5° La force et la matière sont deux formes
diverses d'une même chose. La matière représente une forme stable de l'énergie intra-atomique. La chaleur, la lumière, l'électricité, etc.,
représentent des formes instables de la même
énergie ;

6° En dissociant les atomes, c'est-à-dire en
dématérialisant la matière, on ne fait que transformer la forme stable de l'énergie, nommée
matière, en ces formes instables connues sous
les noms d'électricité, de lumière, de chaleur,
etc. La matière se transforme donc continuelle-
ment en énergie ;

7° La loi d'évolution applicable aux êtres vivants l'est également aux corps simples. Les espèces chimiques, pas plus que les espèces vivantes, ne sont invariables ;

8° L'énergie n'est pas plus indestructible que la matière dont elle émane.

La science d'hier était fondée sur l'éternité de la matière, celle de demain sera basée sur la désintégration de la matière. Elle aura pour but principal de trouver des moyens faciles d'augmenter cette désintégration et mettre ainsi dans les mains de l'homme une source de forces presque infinie.

II

Avant d'exposer les idées actuelles relatives
à la constitution de la matière, rappelons briève-
ment celles dont la science a vécu jusqu'ici.

Suivant des conceptions, hier encore classiques, la matière serait composée d'éléments indi-
visibles, nommés atomes. Comme ils semblent
persister à travers toutes les transformations des
corps, on admettait pour cette raison qu'ils sont
indestructibles.

Cette notion fondamentale a plus de 2.000
ans d'existence. Le grand poète romain Lucrèce
l'a exposée dans les termes suivants, que les livres modernes ne font guère que reproduire.

« Les corps ne sont pas anéantis en disparais-
sant à nos yeux : la nature forme de nouveaux

êtres avec leurs débris, et ce n'est que par la mort des uns qu'elle accorde la vie aux autres. Les éléments sont inaltérables et indestructibles... Les principes de la matière, les éléments du grand tout sont solides et éternels, — nulle action étrangère ne peut les altérer. L'atome est le plus petit corps de la nature... Il représente le dernier terme de la division. Il existe donc dans la nature des corpuscules d'essence immuable... leurs différentes combinaisons forment tous les corps. »

Telles étaient les idées de Lucrèce et de tous les savants depuis vingt siècles. Appuyée sur des recherches expérimentales dont nous parlerons bientôt, la science moderne est arrivée à une conception de la matière bien différente.

Elle admet maintenant que les atomes sont formés de tourbillons d'éther tournant autour d'une ou plusieurs masses centrales avec une vitesse de l'ordre de celle de la lumière. L'atome est comparé à un soleil entouré de son cortège de planètes.

Mais comment se fait-il que ces tourbillons d'éther immatériel puissent se transformer en matière aussi rigide qu'un rocher ou un bloc d'acier? Certaines analogies appuyées sur l'expérience permettent de le comprendre.

Il est probable que la matière doit uniquement sa rigidité à la rapidité de rotation de ses éléments et que, si leurs mouvements s'arrêtaient, elle s'évanouirait instantanément dans l'éther, sans rien laisser derrière elle. Des tourbillons gazeux, animés d'une vitesse de rotation de l'ordre de celle des rayons cathodiques, deviendraient vraisemblablement aussi durs que l'acier. Cette expérience n'est pas réalisable, mais nous pouvons pressentir ses résultats en constatant la rigidité considérable acquise par un fluide animé d'une grande vitesse.

Des expériences faites dans les usines hydroélectriques ont montré qu'une colonne liquide de 2 centimètres seulement de diamètre, tombant à travers un tube d'une hauteur de 500 mètres, ne peut être entamée par un coup de sabre lancé avec violence. L'arme est arrêtée, à la surface du liquide, comme elle le serait par un mur. Si la vitesse de la colonne liquide était suffisante, un boulet de canon ne la traverserait pas. Une lame d'eau de quelques centimètres d'épaisseur, animée d'une vitesse assez grande.

resterait aussi impénétrable aux obus que le mur d'acier d'un cuirassé.

Donnons au jet d'eau précédent la forme d'un tourbillon, et nous aurons l'image des particules de la matière et l'explication probable de sa rigidité.

Nous pouvons ainsi comprendre comment l'éther immatériel, transformé en petits tourbillons animés d'une vitesse suffisante, devient très matériel. On conçoit aussi que, si ces mouvements tourbillonnaires étaient arrêtés, la matière s'évanouirait instantanément en retournant à l'éther.

La matière qui semble nous donner l'image de la stabilité et du repos n'existe donc que grâce à la rapidité des mouvements de rotation de ses particules. La matière, c'est de la vitesse, et comme une substance animée de vitesse est aussi de l'énergie, il faut considérer la matière comme une forme particulière de l'énergie.

La vitesse étant une des conditions fondamentales de l'existence de la matière, on peut dire que cette dernière est née le jour où les tourbillons d'éther ont acquis, par suite de leur condensation croissante, une rapidité suffisante pour posséder de la rigidité. Elle vieillit lorsque la vitesse de ses éléments se ralentit. Elle cessera d'exister dès que ses particules perdront leurs mouvements.

Nous sommes amenés ainsi à cette première notion essentielle : Des particules d'une substance quelconque, si ténues qu'on les suppose, prennent, par le seul fait de leur vitesse de rotation, une rigidité si grande qu'elles se transforment en matière.

C'est dans ces univers atomiques, dont la nature fut méconnue pendant si longtemps, qu'il faut chercher maintenant l'explication de la plupart des mystères qui nous entourent. L'atome, qui n'est pas éternel, comme l'assuraient d'antiques croyances, est bien autrement puissant que s'il était indestructible et, par conséquent, incapable de changement. Ce n'est plus quelque chose d'inerte, jouet aveugle de toutes les forces de l'univers. Ces forces sont au contraire créées par lui. Il est l'âme même des choses. Il détient les énergies qui sont le ressort du monde et des êtres qui l'animent. Chacun d'eux est un petit univers d'une structure extraordinairement compliquée, siège de forces jadis ignorées et dont la grandeur dépasse immensément toutes celles connues jusqu'ici.

III

Nous venons de dire que la matière se composait de tourbillons d'éther. Qu'est-ce que l'éther ?

La plus grande partie des phénomènes de la physique : lumière, chaleur, électricité rayonnante, etc., sont considérés comme ayant leur siège dans l'éther. La gravitation, d'où dérive la mécanique du monde et la marche des astres, semble encore une de ses manifestations. Toutes les recherches théoriques formulées sur la constitution des atomes conduisent à admettre qu'il forme leur trame. Il est le substratum des mondes et de tous les êtres qui vivent à leur surface.

Bien que la nature intime de l'éther soit à

peine soupçonnée, son existence s'est imposée depuis longtemps.

Elle s'est imposée lorsqu'il a fallu expliquer la propagation des forces à distance. Elle parut expérimentalement démontrée quand Fresnel eut prouvé que la lumière se propage par des ondulations analogues à celles produites par la chute d'une pierre dans l'eau. En faisant interférer des rayons lumineux, il obtint de l'obscurité par la superposition des parties saillantes d'une onde lumineuse aux parties creuses d'une autre onde. La propagation de la lumière se faisant par ondulations, ces ondulations se produisaient nécessairement dans quelque chose. C'est ce quelque chose qu'on appelle l'éther.

Sans doute, l'éther est un agent mystérieux que nous ne savons pas isoler, mais sa réalité s'impose puisque aucun phénomène ne pourrait s'expliquer sans lui. On ne peut l'isoler, mais il est impossible de dire qu'on ne puisse ni le voir ni le toucher. C'est, au contraire, la substance que nous voyons et touchons le plus souvent. Quand un corps rayonne de la chaleur qui nous échauffe et nous brûle ; quand nous regardons sur le verre dépoli d'une chambre noire un paysage verdoyant, par quoi sont constituées cette chaleur et cette image, sinon par des vibrations de l'éther ?

Le rôle de l'éther est devenu capital et n'a cessé de grandir avec les progrès de la physique. La plupart des phénomènes seraient inexplicables sans lui. Sans éther, il n'y aurait ni pesanteur, ni lumière, ni électricité, ni chaleur, rien, en un mot, de tout ce que nous connaissons. L'univers serait silencieux et mort, ou se révélerait sous une forme impossible même à pressentir. Si l'on pouvait construire une chambre de verre de laquelle on aurait retiré entièrement l'éther, la chaleur et la lumière ne pourraient la traverser. Elle serait d'un noir absolu et probablement la gravitation n'agirait plus sur les corps placés dans son intérieur. Ils auraient donc perdu leur poids.

Ainsi les plus importants phénomènes de la nature : chaleur, lumière, électricité, ont, comme nous venons de le voir, leur siège dans l'éther. Ils sont engendrés par certaines perturbations de ce fluide immatériel sorti de l'équilibre ou retournant à l'équilibre.

La lumière, par exemple, n'est qu'une altération d'équilibre de l'éther caractérisée par ses vibrations ; elle cesse d'exister dès que l'équilibre est rétabli. L'étincelle électrique de nos laboratoires aussi bien que la foudre sont de simples manifestations des changements du fluide électrique sorti de l'équilibre pour une cause quelconque et s'efforçant d'y retourner. Tant que nous n'avons pas su tirer le fluide électrique de l'état de repos, son existence a été ignorée.

La chaleur dite rayonnante est due, elle aussi, à des vibrations de l'éther. Ce terme de chaleur rayonnante est d'ailleurs un des plus erronés de la physique, malgré sa justesse apparente. En s'approchant d'un foyer, on est échauffé ; il rayonne donc quelque chose. Que serait-ce, sinon de la chaleur ?

On mit fort longtemps pour découvrir qu'un corps chaud ne rayonne rien qui ressemble à de la chaleur. On sait aujourd'hui qu'il produit des vibrations de l'éther, n'ayant par elles-mêmes aucune température. Il nous échauffe à distance, parce que les vibrations de l'éther qu'il engendre, étant arrêtées par les molécules de l'air ou les corps placés devant lui, engendrent de la chaleur. Ces vibrations ne sont pas de la chaleur, mais simplement une cause de chaleur, comme le serait un mouvement quelconque.

Ce qu'on désigne du nom très impropre de

chaleur rayonnante a pour unique origine des vibrations de l'éther. Elles produisent de la chaleur lorsque leur mouvement est détruit, comme une pierre par son choc, mais ne possèdent, je le répète, aucune température. On le prouve facilement en interposant une lentille de glace sur le passage d'un faisceau de chaleur rayonnante. Si intense que soit ce faisceau, la lentille n'est pas fondue, alors qu'un morceau de métal placé à son foyer devient incandescent. L'éther n'ayant aucune température, et la glace étant très transparente pour ses vibrations, elles ont traversé l'eau congelée sans provoquer sa fusion. Le métal les arrêtant, au contraire, est devenu incandescent par l'absorption des vibrations de l'éther.

Puisque les vibrations de l'éther qualifiées de chaleur rayonnante ne produisent de la chaleur qu'après leur absorption par un corps, il est évident que, dans les espaces célestes, où n'existe pas, comme autour de la terre, une atmosphère absorbante, un froid considérable doit régner, même dans le voisinage d'astres incandescents, tels que le soleil. Le thermomètre, plongé dans ces espaces, y marquerait cependant une température très élevée, parce qu'il intercepterait des vibrations de l'éther. La température qu'il indiquerait alors ne serait pas du tout celle du milieu ambiant, mais sa propre température. La glace n'y fondrait pas, laissant passer, sans les arrêter, les vibrations de l'éther; mais un métal deviendrait incandescent, parce qu'il absorbe les mêmes vibrations.

La vie elle-même n'est possible sur notre globe qu'à cause de l'absorption des vibrations de l'éther par l'atmosphère et la terre. S'ils étaient transparents pour ces vibrations, un froid intense régnerait à la surface de notre planète.

Toutes les réactions chimiques qui se passent dans le sein des végétaux, la transformation de l'acide carbonique en carbone notamment, ont également pour origine cette absorption de l'éther. Le végétal représente, en réalité, une transformation de l'éther lumineux. C'est l'éther absorbé et transformé par les végétaux qui fait mûrir les moissons et verdir les forêts. La vie représente donc une de ses transformations.

IV

Nous venons d'étudier les éléments dont est
formée la matière. Examinons maintenant les
propriétés de cette matière dont sont constitués
notre globe et les êtres qui l'habitent.

L'étude de l'ancienne chimie laissait dans l'esprit l'idée que la matière était formée de produits
stables, de composition bien définie et constante, ne pouvant être modifiés que par des
moyens violents, des températures élevées par
exemple. Dans ces dernières années, on a vu se
dessiner, de plus en plus, cette notion qu'un
corps quelconque représente simplement un état
d'équilibre entre les éléments intérieurs dont il
est formé et les éléments extérieurs qui agissent
sur lui. Si cette relation n'apparaît pas nette-

ment pour certains corps, c'est qu'ils sont constitués de façon à ce que leurs équilibres se maintiennent, sans changements apparents, dans des limites de variation de milieu assez grandes. L'eau peut rester liquide pour des variations de température comprises entre $0°$ et $100°$ et la plupart des métaux ne paraissent pas changer d'état pour des écarts plus considérables encore.

Les édifices chimiques formés par les combinaisons atomiques, et dont l'ensemble constitue la matière, semblent très fixes, mais ils sont tous, en réalité, d'une mobilité très grande. Les moindres variations de milieu — température, pression, etc. — modifient instantanément les mouvements des éléments constitutifs de la matière.

C'est qu'en effet un corps, aussi rigide en apparence qu'un bloc d'acier, représente simplement un état d'équilibre entre son énergie intérieure et les énergies extérieures, chaleur, pression, etc., qui l'entourent. La matière cède à l'influence de ces dernières comme un fil élastique obéit aux tractions exercées sur lui, mais reprend sa forme dès que la traction a cessé, si elle n'a pas été trop considérable.

La mobilité des éléments de la matière est

quelquefois un de ses caractères les plus faciles
à constater, puisqu'il suffit d'approcher la main
du réservoir d'un thermomètre pour voir la
colonne liquide se déplacer aussitôt. Ses molécules se sont écartées sous l'influence d'une légère
chaleur. Quand nous approchons la main d'un
bloc de métal, les mouvements de ses éléments
se modifient également, mais d'une façon si faible
pour nos sens qu'ils ne les perçoivent pas, et
c'est pourquoi la matière nous apparaît alors
comme très peu mobile.

La croyance générale à la stabilité de la matière est confirmée d'ailleurs par l'observation,
puisque, pour faire subir à un corps des modifi-
cations considérables, comme de le fondre ou
de le réduire en vapeur, il faut des moyens très
puissants.

Des méthodes d'investigation suffisamment
précises montrent, au contraire, que non seulement la matière est d'une mobilité extrême, mais
encore possède une sensibilité inconsciente dont
la sensibilité consciente d'aucun être vivant ne
saurait approcher.

Les physiologistes mesurent la sensibilité d'un
être par le degré d'excitation nécessaire pour obtenir de lui une réaction. On le considère comme

fort sensible lorsqu'il réagit sous des excitants très faibles. En appliquant à la matière brute un procédé d'investigation analogue, on constate que la substance la plus rigide et la moins sensible en apparence est au contraire d'une sensibilité invraisemblable. La matière du bolomètre, constitué en dernière analyse par un mince fil de platine, est tellement sensible qu'elle réagit sous l'influence d'un rayon de lumière d'une intensité assez faible pour ne produire qu'une élévation de température de un cent millionième de degré. Un bloc d'acier est, en réalité, infiniment plus sensible que l'être vivant le plus sensible.

Cette sensibilité de la matière, si contraire à ce que l'observation vulgaire semblait indiquer, devient de plus en plus familière aux physiciens et c'est pourquoi une expression comme celle-ci : « la vie de la matière », dénuée de sens il y a seulement vingt-cinq ans, est devenue d'un usage courant. L'étude de la matière brute révèle de plus en plus, chez elle, en effet, des propriétés semblant jadis l'apanage exclusif des êtres vivants. En se basant sur ce fait que « le signe le plus général et le plus délicat de la vie est la réponse électrique », M. Böse a montré que cette réponse électrique « considérée généralement comme l'effet d'une force vitale inconnue », existe dans la matière. Et il montre par des expériences ingénieuses « la fatigue » des métaux et sa disparition après le repos, l'action des excitants, des déprimants et des poisons sur ces mêmes métaux.

La matière, telle que nous la connaissons, ne représente, je le répète, qu'un état d'équilibre, une relation entre les forces intérieures qu'elle recèle et les forces externes pouvant agir sur elles. Les secondes ne sont pas modifiables sans que les premières changent également, de même qu'on ne peut toucher à l'un des plateaux d'une balance équilibrée sans faire osciller l'autre.

Ainsi donc les éléments de la matière sont en mouvement incessant : un bloc de plomb, un rocher, une chaîne de montagnes n'ont qu'une immobilité apparente. Ils subissent toutes les variations du milieu et modifient constamment leurs équilibres pour s'y adapter. La nature ne connaît pas le repos. S'il se trouve quelque part, ce n'est ni dans le monde que nous habitons, ni dans les êtres vivant à sa surface. Il n'est pas davantage dans la mort, qui ne fait que substituer à certains équilibres momentanés d'atomes d'autres équilibres dont la durée sera aussi éphémère.

Malgré l'extrême mobilité de la matière, le monde paraît cependant très stable. Il l'est, en effet, mais simplement parce que, dans sa phase actuelle d'évolution, le milieu qui l'enveloppe varie dans des limites assez restreintes. La constance apparente des propriétés de la matière résulte uniquement de la constance actuelle du milieu où elle est plongée.

Les propriétés de la matière que nous venons de vous exposer ne sont pas les seules qu'elle possède. Ne pouvant les énumérer toutes, nous nous bornerons à attirer encore votre attention sur l'une de ses plus importantes, c'est-à-dire le rayonnement permanent dont elle est le siège.

Jusqu'au zéro absolu, c'est-à-dire jusqu'à 273° au-dessous de la température de la glace, la matière envoie sans discontinuer des vibrations dans l'éther. Un bloc de glace peut être considéré comme source de chaleur rayonnante au même titre qu'un fragment de charbon incandescent. La seule différence entre eux est dans la quantité de chaleur rayonnée. Les plaines glacées du pôle sont une source de chaleur rayonnante comme les plaines brûlantes de l'équateur, et si la sensibilité de la plaque photo-

graphique n'était pas aussi limitée, elle pourrait,
pendant la plus profonde nuit, reproduire l'image
des corps au moyen de leurs propres radiations réfractées par les lentilles d'une chambre
noire.

Ces auréoles rayonnantes qui entourent tous
les corps ne sont pas perceptibles parce que
notre œil est insensible pour la plus grande partie des ondes lumineuses. La forme d'un être
vivant ne nous paraît bien définie que parce
que nos sens perçoivent seulement des fragments des choses. L'œil n'est pas fait pour tout
voir. Il trie dans l'océan des formes ce qui lui
est accessible et croit que cette limite artificielle
est une limite véritable. Ce que nous perce-
vons d'un être vivant n'est qu'une partie de sa
forme réelle. Il est entouré des vapeurs qu'il
exhale et des radiations qu'il émet constamment
par suite de sa température. Si nos yeux pou-
vaient tout voir, un être vivant nous apparaî-
trait comme un nuage aux changeants contours.

Ces ondes de lumière invisibles pour notre
œil qu'émettent tous les corps sont perceptibles
probablement par les animaux dits nocturnes
capables de se guider dans l'obscurité. Pour eux
le corps d'un être vivant, dont la température

est d'environ 37°, doit être entouré d'une auréole lumineuse que seul le défaut de sensibilité de notre œil empêche d'apercevoir. Il n'existe pas, en réalité, de corps obscurs dans la nature, il existe seulement des yeux imparfaits. Un corps quelconque est une source constante de radiations visibles ou invisibles, mais qui sont toujours de la lumière.

Nous allons aborder maintenant l'étude de la dématérialisation de la matière.

Des expériences fort nombreuses, et sur la valeur desquelles on ne discute plus, ont prouvé, comme je fus le premier à l'établir, que les atomes de la matière, considérés jadis comme très stables, peuvent se désagréger, soit spontanément, soit sous l'influence de causes diverses.

Les produits de cette dissociation sont identiques pour tous les corps, qu'ils soient engendrés par la cathode de l'ampoule de Crookes, par le rayonnement d'un métal sous l'action de la lumière, ou par la désagrégation de corps spontanément radio-actifs, tels que l'uranium, le thorium et le radium.

On peut donc, quand on veut étudier la dissociation de la matière, choisir les corps pour lesquels le phénomène se manifeste de la façon la plus intense, soit, par exemple, l'ampoule de Crookes où un métal formant cathode est excité par le courant électrique d'une bobine d'induction, soit, plus simplement, des composés très radio-actifs tels que les sels de thorium ou de radium. Des corps quelconques dissociés par la lumière ou autrement donnent d'ailleurs les mêmes résultats, mais la dissociation étant beaucoup plus faible, l'observation des phénomènes est plus difficile.

On constate que les produits divers de la dissociation de la matière actuellement connus peuvent se ranger dans les six classes suivantes : Emanations, Ions négatifs, Ions positifs, Electrons, Rayons X et Radiations analogues.

Il ne faudrait pas croire que ces substances représentent toutes les étapes de la dématérialisation de la matière. Celles dont l'existence est connue ne sont que des fragments d'une série probablement très longue.

La quantité des particules émises par les corps pendant leur dématérialisation varie suivant les corps. Elle serait, pour un gramme d'uranium

et de thorium de 70.000 par seconde, et quant
au radium de 100.000 milliards, d'après les calculs de divers observateurs.

En frappant les corps phosphorescents, les
particules de matière dissociée les rendent lumineux. Sur cette propriété est fondé le spintha-
riscope, instrument qui rend visible pour les
yeux les plus incrédules la dissociation perma-
nente de la matière. Il consiste simplement en
un écran de sulfure de zinc, au-dessus duquel se
trouve une petite aiguille dont l'extrémité fut
trempée dans une solution d'un corps spontanément dissociable. En regardant l'écran à la
loupe, on voit jaillir sans interruption une pluie
de petites étincelles produite par le choc des particules. Je possède un de ces instruments qui
depuis 4 ans n'a cessé d'émettre une pluie d'étincelles provenant de la dissociation de 1/10 de
milligramme de bromure de radium fixé à la
pointe d'une aiguille.

Nous venons de parler des millions de corpuscules par seconde que peut émettre durant
des siècles 1 gramme d'un corps radio-actif. De
tels chiffres provoquent toujours une certaine
défiance, parce que nous n'arrivons pas à nous
représenter l'extraordinaire petitesse des élé-

ments de la matière. Cette défiance disparaît quand on constate la susceptibilité de substances très ordinaires à demeurer pendant des années, sans subir aucune dissociation, le siège d'une émission de particules abondantes faciles à constater par l'odorat, mais inappréciable aux plus sensibles balances.

M. Berthelot s'est livré sur ce sujet à d'intéressantes recherches. Il essaya de déterminer la perte de poids que subissent des corps très odorants bien que fort peu volatils. L'odorat est d'une sensibilité infiniment supérieure à celle de la balance, puisque, pour certaines substances, telles que l'iodoforme, la présence de 1 centième de millionième de milligramme peut, suivant M. Berthelot, être facilement révélée.

Il est arrivé, après des recherches faites avec ce corps, à la conclusion que 1 gramme d'iodoforme perd seulement 1 centième de milligramme de son poids en une année, c'est-à-dire 1 milligramme en cent ans, bien qu'émettant sans cesse un flot de particules odorantes dans toutes les directions. M. Berthelot ajoute que si, au lieu d'iodoforme, on s'était servi de musc, les poids perdus auraient été beaucoup plus petits,

« mille fois plus peut-être », ce qui ferait 100.000 ans pour la perte de 1 milligramme.

Les particules émises par la matière en se dissociant ont des vitesses de 30.000 à 300.000 kilomètres par seconde. Il peut sembler fort difficile de mesurer la vitesse de corps se mouvant avec une telle rapidité. Cette mesure est cependant très simple.

Un étroit faisceau de radiations obtenu par un moyen quelconque — avec un corps radioactif, par exemple — est dirigé sur un écran susceptible de phosphorescence. En le frappant, il y produit une petite tache lumineuse.

Ce faisceau de particules étant électrisé est déviable par un champ magnétique. On peut donc l'infléchir au moyen d'un aimant. Le déplacement de la tache lumineuse sur l'écran phosphorescent indique la déviation que fait subir aux particules un champ magnétique d'intensité connue. La force nécessaire pour dévier d'une certaine quantité un projectile de masse connue permettant de déterminer la vitesse de ce dernier, on conçoit que de la déviation des particules il soit possible de déduire leur vitesse. Quand le pinceau de radiations contient des particules de vitesses différentes, elles tracent une ligne plus ou moins longue sur l'écran phosphorescent au lieu de se manifester par un simple point, et on peut ainsi calculer la vitesse de chacune d'elles.

VI

Nous venons de vous parler des propriétés de la matière, mais nous vous avons dit encore peu de chose des forces dont elle est le siège. En quoi consistent ces forces? Quel est le mécanisme de leur production?

Toutes les forces de la nature sont engendrées par des perturbations d'équilibre de l'éther ou de la matière et disparaissent quand les équilibres troublés sont rétablis. La lumière, par exemple, qui prend naissance avec les vibrations de l'éther, cesse avec elles.

Deux corps en relation, chargés de chaleur, d'électricité, de mouvement, etc., ne peuvent, quelle que soit la différence de grandeur de ces corps, agir l'un sur l'autre et produire de l'énergie que quand les éléments dont ils sont chargés ne sont pas en équilibre.

Cette rupture d'équilibre provoque une sorte d'écoulement d'énergie. Il se fait du point où la tension est la plus haute vers celui où elle est la plus basse, et continue jusqu'à ce que l'équilibre soit rétabli, c'est-à-dire jusqu'à ce qu'il y ait égalité de niveau entre les corps en relation.

Suivant les milieux où se manifestent les perturbations d'équilibre, et suivant leur forme, ils prennent les noms de chaleur, électricité, lumière, etc.

Une force est donc toujours le résultat d'une dénivellation. Deux corps chauds à la même température représentent deux réservoirs au même niveau, ou deux poids égaux sur les plateaux d'une balance, et il n'en résulte aucune manifestation d'énergie. Si, au contraire, la température de l'un des corps est moins élevée que celle de l'autre, il y aura perturbation d'équilibre et production d'énergie jusqu'à ce que les deux corps soient au même niveau calorifique.

Ainsi donc, sans une dénivellation d'éther ou de matière, il n'y a aucune manifestation possible d'énergie. Si le soleil possède dans toute sa masse une température uniforme de 6.000

degrés et qu'il puisse y exister des êtres capables de supporter cette chaleur, elle ne représenterait pour eux aucune énergie. N'ayant pas
de corps froids à leur disposition, ils ne pourraient obtenir aucune chute de chaleur, condi-
tion indispensable de la production d'énergie
thermique.

Admettons maintenant qu'au lieu de se trouver à une température uniforme de 6.000 degrés,
ces êtres imaginaires vivent dans un monde de
glace à la température uniforme de zéro, mais
possèdent dans des puits profonds une provision
illimitée d'air liquide. Contrairement à ceux plon-
gés dans un milieu à 6.000 degrés, ils trouve-
raient dans les blocs de glace une source considérable d'énergie. En plongeant, en effet, ces
derniers dans l'air liquide à — 180°, ils obtien-
draient une dénivellation de température considérable. Au contact de la glace qui est pour l'air
liquide un corps très chaud, ce dernier entre-
rait aussitôt en ébullition, et sa vapeur pourrait
être employée à faire fonctionner des moteurs.
Les habitants de ce monde remplaceraient donc
le charbon de nos machines à vapeur par des
blocs de glace qu'ils considéreraient, ainsi que

nous le faisons pour la houille, comme des réservoirs d'énergie.

Avec cette glace et cet air liquide, il leur serait très facile de produire les températures les plus élevées. La tension de la vapeur obtenue pourrait faire fonctionner des dynamos avec lesquelles on obtient des courants électriques capables de fondre et volatiliser tous les métaux.

On voit, en définitive, que toutes les formes d'énergie sont des effets transitoires résultant de rupture d'équilibre entre plusieurs grandeurs : poids, chaleur, électricité, vitesse. C'est donc bien à tort qu'on parle de l'énergie comme d'une sorte d'entité ayant une existence réelle analogue à celle de la matière.

VII

Nous avons dit que la matière se composait de petits éléments animés d'une vertigineuse vitesse qui, sous des influences diverses ou même spontanément, s'échappent dans l'atmosphère, comme la pierre que ne retient plus la main du frondeur.

Il est bien évident que, pour engendrer de pareilles vitesses, il faut des forces colossales. Je fus ainsi conduit à admettre que la matière était le siège d'une énergie jadis insoupçonnée, à laquelle j'ai donné le nom d'énergie intra-atomique. Cette dernière est, nous le verrons bientôt, l'origine de toutes les autres forces, la chaleur solaire et l'électricité notamment.

Elle diffère de toutes les énergies que nous

connaissons par sa concentration très grande, par sa prodigieuse puissance et par la stabilité des équilibres qu'elle peut former. Si, au lieu de réussir à dissocier seulement des millièmes de milligramme de matière, comme on le fait maintenant, on pouvait en dissocier quelques kilogrammes, nous posséderions une source d'énergie auprès de laquelle toute la provision de houille que nos mines contiennent représenterait un insignifiant total.

C'est en raison de la grandeur de l'énergie intra-atomique que les phénomènes radio-actifs se manifestent avec l'intensité observée. C'est elle qui produit l'émission de particules douées d'une immense vitesse, la pénétration des corps matériels, l'apparition des rayons X, etc.

L'universalité dans la nature de l'énergie intra-atomique est un de ses caractères le plus faciles à constater. On reconnaît son existence partout, maintenant qu'on trouve partout de la radio-activité.

Les équilibres qu'elle forme sont très stables, puisque la matière se dissocie si faiblement que pendant longtemps on put la croire indestructible. Ce sont, d'ailleurs, les effets produits sur nos sens par ces équilibres stables que nous

appelons la matière. Les autres formes d'énergie, lumière, électricité, etc., sont caractérisées
par des équilibres très instables.

Nous avons été naturellement conduits à es-
sayer de mesurer la grandeur de l'énergie intra-
atomique. Les chiffres obtenus sont immensément supérieurs à tous ceux donnés par les
réactions chimiques antérieurement connues, la
combustion de la houille, par exemple.

Prenons une pièce de cuivre de 1 centime,
pesant, comme on le sait, 1 gramme, et sup-
posons qu'en exagérant la rapidité de sa dissociation nous puissions arriver à la dématérialiser
entièrement.

L'énergie cinétique possédée par un corps en
mouvement, étant égale à la moitié du produit
de sa masse par le carré de sa vitesse, un cal-
cul élémentaire donne la puissance que repré-
senteraient les particules de ce gramme de matière animées de la vitesse constatée pendant la
dissociation des corps. Elle est égale à 510 milliards de kilogrammètres, chiffre qui correspond
à environ 6 milliards 800 millions de chevaux-
vapeur. Cette quantité d'énergie serait suffisante
pour faire parcourir à un train de marchandises
4 fois la circonférence du globe. Pour faire effec-

tuer avec du charbon ce trajet au même train il faudrait en dépenser pour 68.000 francs. Ce chiffre de 68.000 francs représente donc la valeur marchande de l'énergie intra-atomique contenue dans une pièce de 1 centime.

Sous quelles formes l'énergie intra-atomique peut-elle exister dans la matière ? Comment des forces si colossales peuvent-elles être concentrées dans des particules si petites ?

L'idée d'une telle concentration semble, au premier abord, inexplicable, parce que notre expérience usuelle montre la grandeur de puissance mécanique toujours associée à la dimension des appareils qui la produisent. Une machine d'une puissance de mille chevaux par exemple possède un volume considérable. Par association d'idées nous sommes conduits à croire que la grandeur de l'énergie mécanique implique la grandeur des appareils qui la produisent.

C'est là une illusion pure résultant de l'infériorité de nos systèmes mécaniques et facile à détruire par de très simples calculs. Une des plus élémentaires formules de la dynamique montre que l'on peut accroître à volonté l'énergie d'un corps de grandeur constante, en accroissant simplement sa vitesse. On peut donc concevoir une machine théorique formée simplement d'une tête d'épingle tournant dans le chaton d'une bague, et qui, malgré sa petitesse, posséderait, grâce à sa force giratoire, une puissance mécanique égale à celle de plusieurs milliers de locomotives.

Nous avons appris aujourd'hui à dissocier la matière, mais seulement en quantité extrêmement faible. Il est cependant permis d'espérer que la science de l'avenir trouvera moyen de la désagréger plus complètement. Elle aura alors à sa disposition une source immense de forces. Je suis déjà arrivé, par des moyens fort simples, à obliger des corps très stables à devenir, à surface égale, quarante fois plus radio-actifs que des substances spontanément dissociables, telles que l'uranium.

Les résultats à obtenir dans cet ordre de recherches seraient en vérité immenses. Dissocier facilement la matière mettrait à notre disposition une source infinie d'énergie et rendrait inutile l'extraction de la houille, dont la provision s'épuise rapidement. Le savant qui trouvera le moyen de libérer économiquement les forces que contient la matière changera presque instantanément la face du monde. Une source illimitée d'énergie étant gratuitement à la disposition de l'homme, il n'auraitplus à se la procurer par un dur travail.

Cette dissociation de l'énergie intra-atomique, concentrée dans la matière dès le commencement des choses, explique l'origine des forces de l'univers. Aux époques lointaines du chaos de notre système solaire, dont les nébuleuses montrent une confuse image, l'éther s'est lentement condensé. Ses tourbillons localisés, formant probablement les éléments primitifs de la matière, ont accumulé par la vitesse croissante de leur rotation l'énergie intra-atomique dont nous constatons l'existence. A la phase de condensation succéda plus tard une phase de dissociation. Notre univers est entré dans un nouveau cycle, l'énergie lentement accumulée dans l'atome a commencé de se dégager par suite de sa dissociation. La chaleur solaire, d'où dérivent la plupart des énergies que nous utilisons, représente une des plus importantes manisfestations de cette dissociation.

Ainsi donc le soleil, générateur de la plupart des énergies terrestres, ne fait que dépenser les forces lentement accumulées par la matière à l'époque où, dans les nuages primitifs d'éther, les atomes emmagasinèrent les énergies qu'ils devaient restituer un jour.

VIII

L'étude que nous venons de faire nous a montré que la matière n'était pas éternelle et se dissociait pour retourner à cet éther mystérieux, premier substratum des choses. Ces constatations conduisent à se demander comment la matière a pu naître et comment elle peut mourir ?

L'origine des choses et leur fin font partie des grands mystères de l'univers qui firent dépenser aux religions, aux philosophies et à la science le plus de méditations et d'efforts. L'esprit humain ne s'est jamais résigné à ignorer , il invente des chimères quand on lui refuse des explications, et ces chimères deviennent bientôt ses maîtres.

La science n'a pas encore allumé les flambeaux

capables d'illuminer les ténèbres qui enveloppent notre passé et voilent l'avenir. Elle peut cependant projeter quelques lueurs dans cette nuit profonde.

D'après les idées que nous vous avons exposées sur la structure de la matière, les corps sont constitués par une réunion d'atomes composés chacun d'un agrégat de particules en rotation, probablement formées de tourbillons d'éther. Par suite de leur vitesse, ces particules possèdent une énergie cinétique énorme. Suivant la façon dont leurs équilibres sont troublés, elles engendrent des forces diverses, telles que la lumière, la chaleur et l'électricité.

Mais comment ces atomes sont-ils nés et comment se transforment-ils ? L'analyse spectrale permet, on le sait, de suivre la genèse des éléments dont se composent les divers univers. La variation des spectres stellaires dans le rouge et l'ultra-violet indique la température des étoiles, par conséquent leur âge relatif, et les raies spectrales font connaître leur composition. On a déterminé ainsi les corps apparaissant dans les astres avec les variations de température correspondant à des phases diverses d'évolution. Dans les étoiles les moins anciennes, c'est-à-dire les plus chau-

des, n'existent guère que des gaz peu nombreux,
l'hydrogène principalement; puis, à mesure que
ces astres se refroidissent, apparaissent succes-
sivement les corps simples que nous connaissons
en commençant par ceux dont le poids atomique
est le moins élevé.

Depuis que l'astronomie sait fixer par la pho-
tographie l'image des étoiles, elle en a décou-
vert un nombre beaucoup plus grand qu'on le
croyait. Elle évalue aujourd'hui à plus de 400 millions, sans parler naturellement de ceux invisibles et par conséquent inconnus, le nombre d'astres : étoiles, planètes, nébuleuses, existant au
firmament. L'analyse spectrale les montre à des
âges très divers d'évolution. Leur passé doit être
d'une effrayante longueur, puisque les géologues
évaluent à plusieurs centaines de millions d'années l'existence de notre planète.

Pendant ces entassements de siècles ignorés
par l'histoire, les millions d'astres dont l'espace
est peuplé ont commencé ou terminé des cycles
d'évolution analogues à celui parcouru par notre
globe d'aujourd'hui. Des mondes peuplés comme
le nôtre, couverts de cités florissantes remplies
des merveilles de la science et des arts, ont dû
sortir de la nuit éternelle et y rentrer sans rien

laisser derrière eux. Les pâles nébuleuses aux formes incertaines représentent peut-être les derniers vestige de mondes qui vont s'évanouir dans le néant ou devenir les noyaux d'un nouvel univers.

Les transformations révélées par l'observation des astres indiquent donc la marche générale de l'évolution des mondes. Elle est toujours enfermée dans ce cycle fatal des choses : naître, grandir, décliner et mourir.

Les faits résumés dans cette conférence montrent que la matière n'est pas éternelle, qu'elle constitue un réservoir énorme de forces, et disparaît en se transformant en d'autres formes d'énergie avant de retourner à ce qui, pour nous, est le néant.

Les éléments d'un corps qui brûle ou qu'on essaie d'anéantir par un moyen quelconque se transforment, mais ils ne se perdent pas, puisque la balance permet de constater que leur poids n'a pas changé. Les éléments des atomes qui se dissocient sont, au contraire, irrévocablement détruits. Ils ont perdu toutes les qualités de la matière, y compris la plus fondamentale de toutes, la pesanteur. La balance ne les retrouve plus.

Comment les tourbillons d'éther et les énergies engendrées par eux perdent-ils leur individualité pour s'évanouir dans l'éther ? La question se ramène à celle-ci : Comment un tourbillon formé au sein d'un fluide peut-il disparaître dans ce fluide en y produisant des vibrations ?

Sous cet aspect, la solution du problème est assez simple. On voit facilement, en effet, comment un tourbillon engendré aux dépens d'un liquide peut, lorsque son équilibre est troublé, s'évanouir, malgré sa rigidité théorique, en rayonnant son énergie sous forme de vibrations du milieu où il est plongé. C'est de cette façon, par exemple, qu'une trombe marine, formée d'un tourbillon liquide, perd son existence et disparaît dans l'océan.

De la même manière, sans doute, les tourbillons d'éther constituant les éléments des atomes peuvent se transformer en vibrations d'éther. Celles-ci représentent le terme ultime de la dématérialisation de la matière et de sa transformation en énergie avant son anéantissement final.

Ainsi donc, lorsque les atomes ont rayonné toute leur énergie sous forme de vibrations lumineuses, calorifiques ou autres, ils retournent, par le fait même du rayonnement consécutif à leur dissociation, à l'éther primitif d'où ils dérivent. La matière et l'énergie sont alors rentrées dans le néant des choses, comme la vague dans l'océan.

Il ne semble pas très compréhensible, au premier abord, que les mondes qui paraissent de plus en plus stables à mesure qu'ils se refroidissent puissent devenir instables au point de se dissocier entièrement. Pour faire comprendre ce phénomène, nous allons en donner d'abord l'explication théorique, puis rechercher si des observations astronomiques ne permettent pas d'être témoins d'une telle dissociation.

On sait que la stabilité d'un corps en mouvement, comme une toupie ou une bicyclette, cesse d'être possible quand sa vitesse de rotation descend au-dessous d'une certaine limite. Aussitôt cette limite atteinte, il perd sa stabilité et tombe sur le sol. J.-J. Thomson interprète même de cette façon la radio-activité et fait remarquer que, lorsque la vitesse de rotation des éléments composant les atomes descend au-dessous d'une certaine limite, ils deviennent instables et tendent à perdre leur équilibre. Il en résulterait un commencement de dissociation, avec diminution de leur énergie cinétique suffisant pour lancer dans l'espace les produits de la désagrégation intra-atomique.

Il ne faut pas oublier que l'atome, réservoir énorme d'énergie, est par ce fait même comparable aux corps explosifs. Ces derniers restent inertes tant que leurs équilibres intérieurs ne sont pas troublés. Dès qu'une cause quelconque les modifie, ils font explosion et brisent tous ce qui les entoure, après s'être brisés eux-mêmes.

Donc, les atomes qui vieillissent par suite de la diminution d'une partie de leur énergie intra-atomique perdent graduellement leur stabilité. Un moment arrive alors où cette stabilité est si faible que la matière disparaît par une sorte d'explosion plus ou moins rapide. Les corps de la famille du radium offrent une image de ce phénomène, image d'ailleurs très affaiblie parce que les atomes de ces corps sont seulement arrivés à une période d'instabilité où la dissociation est assez lente. Elle en précède probablement une autre, plus rapide, capable de produire leur explosion finale. Des corps tels que l'uranium et le radium représentent sans doute un état de vieillesse auquel tous les corps arriveront un jour et qu'ils commencent déjà à manifester dans notre univers, puisque toute matière est légèrement radio-active. Il suffirait que la dissociation fût assez générale et assez rapide pour produire l'explosion du monde où elle se manifesterait.

Les considérations théoriques qui précèdent trouvent un solide appui dans les apparitions et disparitions brusques d'étoiles. Les explosions de mondes qui paraissent les produire nous révèlent peut-être comment périssent les univers quand ils viennent à vieillir.

Les observations astronomiques prouvant la fréquence relative de ces destructions, on peut se demander si la fin des univers par explosion brusque, après une longue phase de vieillesse, ne serait pas leur terminaison la plus générale.

Ces brusques anéantissements se manifestent par l'apparition subite dans le ciel d'un astre incandescent qui pâlit et s'évanouit parfois en quelques jours, ne laissant souvent rien derrière lui, ou seulement une faible nébuleuse.

Lorsque se montre le nouvel astre, son spectre, d'abord analogue à celui du soleil, prouve qu'il contient des métaux semblables à ceux de notre système solaire. Puis, en peu de temps, ce spectre se transforme et devient finalement celui des nébuleuses planétaires, c'est-à-dire ne contient que des raies d'éléments simples et peu nombreux, dont quelques-uns inconnus. Il est donc évident que les atomes de l'étoile temporaire se sont rapidement et profondément transformés.

Cette évolution descendante est l'inverse de celle signalée dans l'évolution ascendante des étoiles. Celles-ci contiennent, lorsqu'elles sont très chaudes, des éléments simples devenant de plus en plus compliqués et nombreux à mesure qu'elles se refroidissent.

Ces étoiles transitoires, résultant sans doute de l'explosion brusque d'un monde accompagné de la désintégration des atomes, ne sont pas rares. Il ne se passe guère d'années sans qu'on en observe directement ou par l'étude des clichés photographiques. Une des plus remarquables fut celle observée récemment dans la constellation de Persée. En quelques jours elle atteignit un éclat qui la rendit la plus brillante étoile du ciel ; mais 24 heures après elle commença à pâlir, son spectre se transforma lentement, devint, comme il a été dit plus haut, celui des nébuleuses planétaires, preuve évidente, je le répète, d'une dissociation atomique. Au moment même où s'opérait cette transformation, des photographies à longue pose montrèrent autour de l'astre des masses nébuleuses, produits sans doute de la dissociation atomique et qui s'éloignaient de l'étoile avec une vitesse de l'ordre de celle de la lumière, c'est-à-dire analogue à celle des particules qu'émettent les corps radio-actifs en se dissociant. Les astronomes assistèrent donc à la destruction rapide d'un monde.

L'exposé qui précède peut se résumer en quelques lignes.

On imagine le monde formé d'abord d'atomes diffus d'éther, qui, sous l'action de causes diverses, notamment de leur rotation, ont emmagasiné de l'énergie. Cette énergie, dont une des formes est la matière, se dissocie et apparaît sous des états divers : électricité, chaleur, etc., de façon à ramener la matière à l'éther. Rien ne se crée veut dire que nous ne pouvons pas créer de la matière. Tout se perd signifie que la matière disparaît complètement comme matière en retournant à l'éther. Le cycle est donc complet, il y a deux phases dans l'histoire du monde : 1° condensation de l'énergie sous forme de matière; 2° dépense de cette énergie.

Cette destruction finale est peut-être suivie,

dans la suite des âges, d'un nouveau cycle de naissance et d'évolution, sans qu'il soit possible d'assigner un terme à ces destructions et à ces recommencements probablement éternels.

APPENDICE

L'ÉVOLUTION DE LA MATIERE

PAR GEORGES BOHN

« Le dogme de l'indestructibilité de la matière est
du très petit nombre de ceux que la science moderne
avait reçus de la science antique sans y rien changer. Depuis le grand poète romain Lucrèce, qui en
faisait l'élément fondamental de son système philosophique, jusqu'à l'immortel Lavoisier, qui l'appuya
sur des bases considérées comme éternelles, ce *dogme
sacré* n'avait subi aucune atteinte et nul ne songeait
à le contester. »

Ce sera le titre de gloire du Dr Gustave Le Bon de
s'être attaqué le premier à ce qu'il appelle ainsi « un
dogme » et d'avoir détruit celui-ci dans l'espace de quelques années. En 1896, il publiait aux *Comptes-rendus
de l'Académie des Sciences* une courte note résumant
les recherches qu'il poursuivait depuis deux ans et
d'où il résultait que la lumière en tombant sur les
corps produit des radiations capables de traverser les
substances matérielles ; cette note marquera une des
dates importantes de l'histoire de la science, car elle

a été le point de départ de la découverte de la dissociation de la matière. En 1897, dans les mêmes *Comptes-rendus*, le Dr Gustave Le Bon énonça que *tous les
corps* frappés par la lumière émettent des radiations
capables de rendre l'air conducteur de l'électricité, et
indiqua l'analogie de ces radiations avec celles de la
famille des rayons cathodiques, et avec les radiations
uraniques que venait de découvrir M. Becquerel. Le
Dr Gustave Le Bon affirma que toutes ces radiations
étaient quelque chose d'absolument différent de la
lumière, et soutint, *contre tous*, qu'elles ne subissent ni
la réflexion, ni la réfraction, ni la polarisation. Il avait
raison, car tous les physiciens sont maintenant d'accord *pour classer dans la même famille les rayons*
cathodiques, les émissions de l'uranium et du radium, et celles des corps frappés par la lumière.

Gustave Le Bon fut assez hardi pour énoncer cette
loi générale : « Sous des *influences diverses, lumière,*
réactions chimiques, actions électriques, et souvent
même spontanément, les atomes des corps simples,
aussi bien que des corps composés, se dissocient et
émettent des effluves *de la famille des rayons* cathodiques. » M. de Heen, le célèbre physicien de Liège,
fut le premier qui accepta entièrement cette généralisation, pour en tirer d'ailleurs des résultats remarquables. Beaucoup ne l'admirent pas, et *cependant*

de tous les côtés on recherchait inconsciemment en
quelque sorte la radio-activité, c'est-à-dire les produits de la dissociation de la matière, et on en trou-
vait partout !

Les faits prouvant que l'atome est susceptible d'une
dissociation apte à le conduire à des formes où il a
perdu toutes ses qualités matérielles sont aujourd'-
hui très nombreux, et précisément parmi les plus importants il faut noter cette émission, non seulement
par les corps dits radio-actifs, mais encore par tous
les autres, de particules animées d'une vitesse de
l'ordre de celle de la lumière, capables de rendre
l'air conducteur de l'électricité, de traverser les substances matérielles, d'être déviées par un champ magnétique.

Le Dr Gustave Le Bon ne s'est pas contenté de rec nn-
naître que les atomes peuvent se dissocier ; il s'est de-
mandé encore où ces atomes puisent l'immense quantité d'énergie nécessaire pour lancer dans l'espace des
particules avec une vitesse presque aussi prodigieuse
que celle de la lumière. Affranchi de tous les préju-
gés classiques, au lieu de rechercher cette énergie en
dehors de la matière, comme le font encore beaucoup
de physiciens, Gustave Le Bon l'a cherchée *dans la
matière elle-même*, et il est arrivé à concevoir la
matière d'une façon toute nouvelle : celle-ci, au lieu

d'être une chose inerte, capable seulement de restituer l'énergie qui lui a été fournie, serait un réservoir énorme d'énergie.

Grâce à Gustave Le Bon, on est arrivé maintenant à considérer un atome comme un système d'éléments impondérables, maintenu en équilibre par les rotations, attractions et répulsions des parties qui le composent. La matière ne serait qu'une variété de l'énergie ; aux formes déjà connues de l'énergie, chaleur, lumière, etc..., il faudrait en ajouter une autre, la matière ou *énergie intra-atomique*. La réalité de cette forme nouvelle d'énergie, que nous a fait connaître Gustave Le Bon, ne s'appuie nullement sur la théorie, mais elle se déduit des faits d'expérience ; bien qu'ignorée jusqu'alors, elle est la plus puissante des forces connues, et même elle serait l'origine de la plupart des autres. Ainsi, en dissociant des atomes, on ne ferait que donner à la variété d'énergie nommée matière une forme différente telle que l'électricité ou la lumière, par exemple.

« Les équilibres des éléments dont l'ensemble constitue un atome peuvent être comparés, dit Gustave Le Bon, à ceux qui maintiennent les astres dans leurs orbites. Dès qu'ils sont troublés, des énergies considérables se manifestent, comme elles se manifesteraient si la terre ou un astre quelconque était brusquement arrêté dans sa course. De telles perturbations dans les systèmes planétaires atomiques peuvent se réaliser, soit sans raison apparente, comme pour les corps très radio-actifs lorsque, par des causes diverses, ils sont arrivés à un certain degré d'instabilité, soit artificiellement, comme pour les corps ordinaires, quand ils sont soumis à l'influence d'excitants divers : chaleur, lumière, etc. Les excitants agissent alors comme l'étincelle sur une masse de poudre, c'est-à-dire en libérant des quantités d'énergie fort supérieures à la cause très légère qui a déterminé leur libération. Et comme l'énergie condensée dans l'atome est en quantité immense, il en résulte qu'à une perte extrêmement faible de matière correspond la création d'une quantité énorme d'énergie. »

Cette conception du Dr Gustave Le Bon a une importance philosophique très considérable. Elle n'a nullement pour but de nier l'existence de la matière ainsi que la métaphysique l'a parfois tenté ; mais elle fait « simplement » disparaître la *dualité classique entre la matière et l'énergie.* Matière et énergie ne sont plus en effet que deux choses identiques sous des aspects différents : « la matière n'est qu'une forme stable d'énergie et rien d'autre. »

Plus d'un physicien. l'illustre Faraday, par exemple, avait déjà essayé, il est vrai, de faire disparaître la dualité établie entre la matière et l'énergie. Quelques philosophes le tentèrent également, en faisant remarquer que la matière ne nous est accessible que par l'intermédiaire des forces agissant sur nos sens. Mais tous les arguments de cet ordre étaient considérés avec raison comme d'une portée purement métaphysique. On leur objectait que jamais on n'avait pu transformer de la matière en énergie, et qu'il fallait la seconde pour animer la première. Le D^r Le Bon, en révélant que cette transformation est un phénomène qui se passe communément dans la nature, et que les atomes de tous les corps peuvent s'évanouir sans retour en se transformant en énergie, a contribué à faire disparaître l'antique dualité entre la force et la matière.

★

L'ouvrage de Gustave Le Bon, *l'Evolution de la matière*, est divisé en six livres. Le premier expose *les idées nouvelles sur la matière*, que je viens de faire connaître. Le deuxième est consacré à *l'énergie intra-atomique* et aux *forces qui en dérivent*.

L'universalité dans la nature de l'énergie intra-atomique est un de ses caractères le plus facile à constater. On reconnaît son existence partout, puisqu'on trouve maintenant de la radio-activité partout.

L'origine de l'énergie intra-atomique n'est pas difficile à élucider, si on admet avec les astronomes que la condensation de notre nébuleuse suffirait à elle seule pour expliquer la constitution de notre système solaire. On conçoit qu'une condensation analogue de l'éther ait pu engendrer les énergies que l'atome contient. On pourrait comparer grossièrement ce dernier à une sphère dans laquelle un gaz non liquéfiable aurait été comprimé à des milliards d'atmosphères à l'origine du monde.

La grandeur de l'énergie intra-atomique est formidable. S'il était possible par exemple de dissocier une pièce de cuivre de 1 centime, pesant par conséquent 1 gramme, on mettrait en liberté de ce fait une quantité d'énergie qui, répartie convenablement, serait suffisante pour actionner un train de marchandises sur une route horizontale d'une longueur égale à un peu plus de quatre fois et un quart la circonférence de la terre ; or, pour faire effectuer à l'aide du charbon ce trajet au même train, il faudrait en employer 2.833.000 kilogrammes qui, au prix de 24 francs la tonne, nécessiterait une dépense d'environ 68.000 francs. Ce chiffre de 68.000 francs représente donc la valeur marchande de l'énergie intra-atomique contenue dans une pièce de 1 centime.

On ne peut s'expliquer la prodigieuse quantité d'énergie contenue dans une masse aussi infime qu'un atome qu'en supposant celui-ci constitué par des particules plus petites encore, mais douées de mouvements rotatoires s'effectuant avec une vitesse prodigieuse. En effet, on sait que l'énergie d'un corps en mouvement est égale à la moitié du produit de sa masse par le carré de sa vitesse. « Une balle de fusil tombant de quelques centimètres de hauteur sur la peau ne produit aucun effet appréciable, en raison de sa faible vitesse. Dès que cette vitesse grandit, les effets deviennent de plus en plus meurtriers, et, avec les vitesses de 1.000 m. par seconde données par les poudres actuelles, la balle traverse de très résistants obstacles. Réduire la masse d'un projectile est sans importance, si on réussit à augmenter suffisamment sa vitesse. Telle est justement la tendance de l'artillerie moderne qui réduit de plus en plus le calibre des balles de fusil, mais tâche d'augmenter leur vitesse. »

Si la matière est douée d'une énergie colossale, c'est que les particules qui constituent l'atome se meuvent avec une vitesse prodigieuse ; après leur libération, leur vitesse est encore formidable : tandis qu'un boulet de canon mettrait 5 jours pour aller de la terre à la lune, une de ces particules mettrait 4 secondes pour effectuer le même trajet.

C'est dans l'énergie intra-atomique qu'il est logique de chercher l'origine, jusqu'ici inconnue, de l'électricité et de la chaleur solaire. Le radium est capable de produire de la chaleur en se dissociant ; on a cherché sa présence dans le soleil ; cela n'est pas nécessaire, puisque tous les corps peuvent se dissocier. J.-J. Thomson pense même maintenant que l'énergie actuellement concentrée dans les atomes n'est qu'une insignifiante portion de celle qu'ils contenaient jadis et qu'ils ont perdue par rayonnement.« Si donc, dit Gustave Le Bon, les atomes renfermaient jadis une quantité d'énergie très supérieure à celle, pourtant formidable, qu'ils possèdent encore, ils ont pu, en se dissociant, dépenser, pendant de longues accumulations d'âges, une partie de la gigantesque réserve de force entassée dans leur sein à l'origine des choses. Ils ont pu et peuvent encore, par conséquent, maintenir à une très haute température les astres tels que le soleil et les étoiles. »

★

Les idées de Gustave Le Bon relatives à l'énergie intra-atomique que je viens d'exposer d'après lui et qui sont entièrement originales ont résisté à toutes les critiques, à toutes les objections. Elles conduisent à abandonner la dualité classique entre la force et la matière, mais aussi à détruire la *séparation classique entre le pondérable et l'impondérable*, qui semblait bien établie depuis que Lavoisier s'était servi de la balance. Larmor, il est vrai, avait employé récemment les multiples ressources de l'analyse mathématique pour tâcher de faire disparaître ce qu'il a appelé « l'irréconciliable dualité de la matière et de l'éther »; mais on ne pouvait réussir qu'en partant de l'expérience ; c'est ce qu'a fait Gustave Le Bon.

Le livre III de son ouvrage nous fait pénétrer dans

le monde de l'impondérable, dans l'éther cosmique!

Bien que la nature intime de l'éther soit à peine soupçonnée, son existence s'est imposée depuis longtemps, et paraît à quelques-uns plus certaine que celle de la matière même. « Son rôle est devenu capital et n'a cessé de grandir avec les progrès de la physique. La plupart des phénomènes seraient inexplicables sans lui. Sans éther, il n'y aurait ni pesanteur, ni lumière, ni électricité, ni chaleur, rien en un mot de ce que nous connaissons. L'univers serait silencieux et mort. »

Certains se représentent l'éther comme un gaz excessivement dilué ; mais cette comparaison est mauvaise, car les gaz sont très compressibles et l'éther ne l'est pas. Il serait plus exact de le comparer à un solide élastique, un solide au sein duquel s'effectueraient les mouvements des astres. On admet aujourd'hui que l'éther peut être le siège, non seulement de mouvements vibratoires réguliers comme ceux qui produisent la lumière, mais encore de mouvements variés : projections, rotations, tourbillons, et les physiciens de nos jours tendent à attribuer un rôle fondamental aux tourbillons. Ne seraient-ce pas certains de ces tourbillons qui constitueraient les atomes, et la matière ne serait-elle pas un état particulier de l'éther ?

Le livre IV nous fait assister à la *dématérialisation de la matière*. Celle-ci fournit des éléments de désagrégation que l'on peut faire rentrer dans six catégories différentes : 1° émanations, 2° ions positifs, 3° ions négatifs, 4° électrons, 5° rayons cathodiques, 6° rayons X et radiations analogues. Le radium en se détruisant donne, outre une émanation semi-matérielle, trois sortes de rayons : les rayons α formés d'ions positifs, les rayons β formés d'électrons négatifs, les rayons γ ou rayons X. Mais le radium n'est, d'après Gustave Le Bon, qu'un cas particulier d'une règle générale. Toute matière, sous des influences variées, parfois spontanément, peut se dissocier et les particules qui s'en échappent sont soumises aux lois d'attraction et de répulsion qui régissent tous les phénomènes électriques. Gustave Le Bon a obtenu des figures très curieuses qu'il a pu photographier, en obligeant les particules de la matière dissociée à se mouvoir et à se repousser suivant certaines directions ; il est arrivé ainsi à matérialiser en quelque sorte les produits de la dématérialisation de la matière, et à nous faire entrevoir les intermédiaires entre la matière et l'éther.

Ces intermédiaires, il les étudie dans le livre V. L'émanation des corps radio-actifs, qu'on peut condenser comme un gaz et enfermer dans un tube, possède encore des qualités matérielles, mais les diverses particules électriques n'ont plus qu'une propriété commune avec la matière, une certaine inertie, et il est possible de considérer l'électricité comme une substance semi-matérielle engendrée par la dématérialisation de la matière.

On voit par là à quelle vaste synthèse des phénomènes physiques et chimiques les idées du Dr Gustave Le Bon peuvent conduire les physiciens.

★

Dans le dernier livre, Gustave Le Bon revient au *monde du pondérable*. On y assiste aux mouvements des molécules ; il y est question de la « sensibilité » de la matière, de la « vie » des cristaux... des divers équilibres chimiques. Pour Gustave Le Bon, il semble extrêmement probable qu'un grand nombre de réactions inexplicables, au lieu d'atteindre seulement les édifices moléculaires, atteignent également les édifices atomiques et mettent en jeu les forces considérables qui s'exercent en leur sein. C'est sans doute dans l'énergie intra-atomique qu'il faut chercher l'explication des propriétés des métaux colloïdaux, des diastases, des enzymes, des toxines...

Une foule de détails intéressants sur les manifestations de la matière conduisent Gustave Le Bon à consacrer un dernier chapitre à la *naissance*, à l'*évolution*, et à la *fin de la matière*, ce qui est la conclusion de son ouvrage. Pour ma part, j'aurais préféré que ce chapitre vienne à la fin du cinquième livre et qu'il ne soit pas question de ce qu'on appelle si improprement la vie de la matière. Le début de l'ouvrage du Dr Gustave Le Bon produit sur le lecteur une impression profonde, on y sent le souffle d'une pensée géniale. On est tout saisi ensuite par la colossale grandeur de l'énergie intra-atomique ; on se met à rêver : si la matière venait à se détruire spontanément, une quantité effroyable d'énergie serait mise gratuitement à la disposition de l'homme, et il n'aurait pas à se la procurer par un rude travail : le pauvre serait alors l'égal du riche. On suit enfin avec un intérêt grandissant les diverses phases de la dématérialisation de la matière et son évanouissement dans l'éther, où tourbillonnent en s'anéantissant les particules électriques. On se laisse entraîner dans « ce nirvana final auquel reviennent toutes choses après une existence plus ou moins éphémère », et tout à coup, brusquement, on est ramené au milieu matériel, à des faits plus banaux ; c'est une désillusion, temporaire il est vrai, car infailliblement on recommence à lire les premières pages, on veut repasser par les émotions déjà éprouvées et voir « l'atome dans sa petitesse infinie détenir les secrets de l'infinie grandeur » !

Comme on l'a dit, le Dr Gustave Le Bon a réalisé scientifiquement la plus vaste synthèse que l'on puisse concevoir. On l'a comparé à Darwin. Si l'on tient à faire une comparaison, j'aimerais mieux la faire avec Lamarck. Lamarck, le premier, a eu une idée nette de l'évolution des êtres vivants ; le Dr Gustave Le Bon, le premier, a reconnu la possibilité d'une évolution de la matière et la généralité de la radio-activité par laquelle se manifeste son évanouissement. La théorie de Lamarck a été accueillie par les attaques de quelques-uns, par le silence de la plupart ; c'est de lui ces paroles que Gustave Le Bon rapporte dans son *Introduction* : « Quelques difficultés qu'il y ait à découvrir des vérités nouvelles, il s'en trouve encore de plus grandes à les faire reconnaître. » Gustave Le Bon, comme Lamarck, s'est heurté à ces dernières difficultés. La publication de ses premières notes a provoqué de véritables tempêtes et des protestations énergiques. « Le prestige seul, ne cesse de répéter Gustave Le Bon, et fort peu l'expérience, est l'élément habituel de nos convictions, scientifiques et autres. Les expériences en apparence les plus convaincantes n'ont jamais constitué un élément immédiat de démonstration quand elles heurtent des idées depuis longtemps admises. Galilée l'apprit à ses dépens : ayant réuni tous les professeurs de la célèbre université de Pise, il s'imagina leur prouver par l'expérience que, contrairement aux idées alors reçues, les corps de poids différents tombent avec la même vitesse. La démonstration de Galilée fut très concluante, mais les professeurs se bornèrent à invoquer l'autorité d'Aristote et ne modifièrent nullement leur opinion. Bien des années se sont écoulées depuis cette époque, mais le degré de réceptivité des esprits pour les choses nouvelles ne s'est pas sensiblement accru. »

IMPIRMERIE DV MERCVRE DE FRANCE
BLAIS et ROY, 7, rue Victor-Hugo, Poitiers.